Fernand Papillon

L'Électricité et la vie

D'après les dernières recherches de la physiologie expérimentale

 Le code de la propriété intellectuelle du 1er juillet 1992 interdit en effet expressément la photocopie à usage collectif sans autorisation des ayants droit. Or, cette pratique s'est généralisée dans les établissements d'enseignement supérieur, provoquant une baisse brutale des achats de livres et de revues, au point que la possibilité même pour les auteurs de créer des œuvres nouvelles et de les faire éditer correctement est aujourd'hui menacée. En application de la loi du 11 mars 1957, il est interdit de reproduire intégralement ou partiellement le présent ouvrage, sur quelque support que ce soit, sans autorisation de l'Éditeur ou du Centre Français d'Exploitation du Droit de Copie , 20, rue Grands Augustins, 75006 Paris.

ISBN : 978-1977999603

10 9 8 7 6 5 4 3 2 1

Fernand Papillon

L'Électricité et la vie

D'après les dernières recherches de la physiologie expérimentale

Table de Matières

Introduction	6
Section I	7
Section II	19

Introduction

C'est en 1794 que Galvani découvrit que les muscles des animaux éprouvent des contractions au contact de certains métaux. Suivant lui, ce contact provoque simplement la décharge d'un fluide inhérent aux animaux eux-mêmes. Le fait n'était pas contestable, mais l'explication l'était. De grandes discussions s'ensuivirent dans les écoles de physiologie ; heureusement on comprit que la difficulté ne pouvait être résolue que par des expériences. On en fit un nombre immense, à la plus mémorable desquelles reste attaché le nom de Volta. Alexandre Volta soutenait, contre Galvani, que l'électricité qui détermine des contractions dans les muscles, loin d'être originaire de ces organes, y est introduite par les métaux avec lesquels on opère. Pour le prouver, il construisit en 1800 la pile qui porte son nom, c'est-à-dire un appareil où l'association de deux métaux différents devient une source abondante de fluide électrique. Galvani et Volta étaient deux hommes du plus éminent esprit, qui savaient à fond la physique et la physiologie, et qui n'avançaient rien à la légère. Leurs découvertes furent le point de départ d'un des plus admirables mouvements qu'il y ait dans l'histoire des sciences, mouvement toujours en pleine activité, et d'autant plus remarquable qu'il aboutit précisément, — et ceci date d'hier à peine, — à démontrer que Galvani et Volta avaient raison tous les deux. La science contemporaine prouve qu'il y a une électricité propre aux animaux, comme le voulait Galvani. Elle constate aussi que l'électricité produite par des causes extérieures a une influence sur les animaux, comme l'enseignait Volta. De la connaissance approfondie des deux ordres de phénomènes, elle déduit un ensemble de procédés pour la guérison par l'électricité d'un grand nombre de maladies. Montrer les rapports de l'électricité avec la vie revient par suite à considérer d'abord l'électricité qui existe naturellement chez les animaux au même titre que la chaleur, puis à faire connaître l'action de ce fluide sur l'organisme, soit dans l'état de santé, soit à l'état morbide. Un tel exposé complétera ce qui a été écrit dans la *Revue* concernant les relations de la vie avec la lumière et avec la chaleur, relations qu'il est permis dès aujourd'hui de considérer comme formant les linéaments d'une science nouvelle.[1]

Section I

Les témoins les plus authentiques de l'existence de l'électricité animale sont des poissons. La torpille, le mormyre, le silure, le malaptérure, la gymnote et la raie développent spontanément une quantité plus ou moins considérable d'électricité. Ce fluide, dont la production est soumise à la volonté de l'animal, est identique à celui des machines électriques ordinaires ; il donne les mêmes secousses et les mêmes étincelles lorsqu'il est à une certaine tension. L'appareil où il se forme consiste en une série de petits disques d'une substance spéciale, séparés les uns des autres par des cloisons de tissu lamineux. De fines terminaisons nerveuses se distribuent à la surface de ces disques, et le tout représente une sorte de pile membraneuse, située d'ordinaire dans la région de la tête, quelquefois vers la queue.

Ces poissons sont les seuls animaux pourvus d'un appareil spécialement affecté à la production de l'électricité ; mais tous les animaux sont électriques, en ce sens qu'il se forme constamment à l'intérieur de leurs organes une certaine quantité de fluide. L'existence d'une électricité propre aux muscles et aux nerfs, et indépendante de leurs activités caractéristiques, a été établie par de nombreuses expériences, surtout par celles de Nobili, de Matteucci et de M. Dubois-Reymond. Pour constater l'existence des courants d'électricité nerveuse, il suffit de préparer un muscle de grenouille et de le toucher en deux points différents avec les deux extrémités d'un filament nerveux du même animal. Le muscle entre alors en contraction sous l'influence du courant nerveux. Une autre expérience aussi simple prouve l'existence du courant musculaire. Sur un animal vivant ou récemment tué, on découvre un muscle, ou l'incise perpendiculairement à la direction des fibres charnues, et l'on fait communiquer avec les deux fils d'un galvanoscope très sensible à la fois la surface naturelle du muscle et la surface obtenue par l'incision. L'aiguille de l'instrument accuse alors le passage d'un courant. Cette électricité musculaire peut être obtenue en

---
[1] Voyez la *Revue* du 15 août 1870 et du 15 janvier 1872.

assez grande quantité par la superposition, en forme de pile, d'un certain nombre de tronçons de muscles. Le pôle positif du système sera la surface naturelle de l'un des tronçons terminaux, et le pôle négatif la surface de section de l'autre. Un tel système agit sur les appareils galvanoscopiques, et peut même exciter des contractions dans d'autres muscles.

Indépendamment de ces courants électriques, nerveux, et musculaire, il existe dans l'économie animale d'autres sources de fluide. Il se produit des courants entre la face externe et la face interne de la peau, dans le sang, dans les appareils sécréteurs, en un mot dans presque tout l'organisme. Les expériences aussi originales que délicates auxquelles M. Becquerel emploie depuis plusieurs années toute l'activité de sa verte vieillesse lui permettent d'affirmer dès aujourd'hui la prépondérance des phénomènes électro-capillaires dans la vie animale. D'après le savant physicien, deux dissolutions de nature différente, conductrices de l'électricité, séparées par une membrane ou par un espace capillaire, constituent un circuit électro-chimique, et, si l'on considère les éléments anatomiques des divers tissus, cellules, tubes, globules, etc., dans leurs rapports avec les liqueurs qui les baignent, on trouve qu'ils donnent naissance à une infinité de couples qui dégagent incessamment de l'électricité. Le sang artériel et le sang veineux forment un couple dont la force électro-motrice est égale à 0,57, celle d'un couple à acide nitrique étant 100. M. Becquerel fait intervenir ces courants dans l'explication de beaucoup de phénomènes physiologiques encore mal interprétés. Si la réalité même de telles actions est indéniable, il faut reconnaître cependant que la doctrine générale qui les relie les unes aux autres et toutes ensemble aux diverses activités de l'organisme manque encore de netteté. Il importe de savoir comment ces courants se distribuent et se répandent, quels trajets ils suivent. Le moment est venu pour la physiologie expérimentale d'aborder ces difficiles problèmes, dont la solution est indispensable à la connaissance précise du déterminisme vital, c'est-à-dire au dénombrement et à la mesure des facteurs divers qui sont les termes de toutes les équations du mouvement organique. Les végétaux développent aussi de l'électricité. Pouillet a constaté nettement que la végétation dégage de l'électricité. D'autres physiciens, et surtout M. Becquerel, ont démontré l'existence de courants dans les fruits, les tiges, les racines et les feuilles des plantes. M. Becquerel prit une tige de jeune peuplier en pleine sève, introduisit un fil de platine dans la moelle et un second fil dans l'écorce, et fit aboutir ces deux conducteurs à un galvanoscope ; l'aiguille indiqua aussitôt le passage d'un courant. M. Buff a exécuté plus récemment des expériences dans lesquelles il a eu soin de ne pas blesser les organes. Deux vases contenant du mercure recevaient des fils de platine ; sur le mercure était de l'eau où plongeaient les végétaux dont il s'agissait d'étudier l'état électrique. En prenant des feuilles et des racines, M. Buff constata un courant qui allait des racines aux feuilles à travers la plante ; dans une branche séparée de la tige, le courant marchait aussi vers les feuilles. En définitive, l'existence d'une électricité vitale est incontestable, bien qu'on ne connaisse pas encore exactement les conditions de cette effervescence intestine, et qu'on en ignore les vrais rapports avec l'ensemble des opérations physico-chimiques de l'organisme vivant.

Ces dernières sont en tout cas extrêmement complexes. Il y a en chaque être organisé, il y a en nous un monde infini d'activités de toute sorte. Les forces qui nous pénètrent sont aussi multiples que les matériaux dont nous sommes pétris. En chaque point de notre corps et à chaque instant de notre existence, toutes les énergies de la nature se rencontrent et se conjoignent. Néanmoins il règne dans la suite de ces opérations merveilleuses un tel ordre, qu'au lieu d'une confusion inextricable c'est une harmonieuse synergie qui caractérise les êtres doués de vie. Tout en eux se balance et se pondère, se commande et se répond. C'est ce que Buffon avait déjà senti et exprimé. « L'animal, dit-il, réunit toutes les puissances de la nature ; son individu est un centre où tout se rapporte, un point où l'univers entier se réfléchit, un monde « n raccourci.[1] » Paroles profondes, qui étaient pour le grand naturaliste plutôt le fruit d'une, intuition de génie que celui d'une spéculation rigoureuse, — paroles que le progrès de la science tend à vérifier de plus en plus, et dont la lumière éclaire sa route.

Après avoir constaté que les corps vivants sont eux-mêmes des sources de fluide électrique, il convient d'examiner la nature des effets que l'électricité, sous des formes diverses peut exercer

---

1 Éd. Lacépède, t. IV, p. 417.

Section I

sur l'organisme animal. L'atmosphère contient une quantité variable d'électricité positive ; la terre elle-même est toujours chargée d'électricité négative. On ne sait pas encore au juste comment se développe cette force diffuse et sourde. Les physiciens pensent qu'elle provient de la végétation et de l'évaporation des eaux. M. Becquerel a énuméré tout récemment un ensemble de raisons plus ou moins plausibles qui autoriseraient à croire que la plus grande partie de l'électricité atmosphérique a son origine dans le soleil ; cet astre la répandrait dans les espaces en même temps que la lumière. Quoi qu'il en soit, tant que le ciel est serein, ce fluide n'a aucune action manifeste sur les êtres vivants ; mais, lorsqu'il s'accumule dans les nuées et donne naissance aux orages, il produit des effets qui fournissent la plus démonstrative des preuves de l'influence que l'électricité exerce sur la vie. Les personnes tuées par la foudre présentent des aspects très divers. Tantôt l'individu foudroyé est tué raide, sur place, le mort restant assis ou debout, tantôt au contraire il est lancé à une grande distance. Parfois la foudre déshabille les victimes, détruit leurs vêtements et laisse le corps intact, ou bien c'est l'inverse qui arrive. Ici les désordres sont effrayants : il y a déchirure du cœur et broiement des os ; ailleurs on constate une parfaite intégrité des organes. Dans certains cas, il y a flaccidité des membres, ramollissement des os, affaissement des poumons ; dans d'autres, on voit des contractures et de la rigidité. Quelquefois le corps du foudroyé se décompose avec rapidité, mais il peut aussi braver la putréfaction. Enfin la foudre, qui brise les arbres et renverse les murailles, semble ne produire que très difficilement des mutilations chez les animaux. Lorsque le tonnerre ne détermine pas la mort, il provoque du moins des accidents graves, parfois temporaires ; le plus souvent irrémédiables. Indépendamment des brûlures et des éruptions diverses qu'on remarque sur la peau des personnes frappées, celles-ci éprouvent assez souvent une sorte d'épilation générale fort bizarre ; elles sont atteintes de paralysie, de mutisme, de perversion des sens (surdité, amaurose), d'imbécillité. Bref, les ravages de l'électricité atmosphérique atteignent toutes les fonctions du système nerveux.

L'action des poissons électriques peut être rapprochée de celle de la foudre, puisqu'elle ne dépend pas davantage de notre industrie. Les commotions de la gymnote surtout sont formidables.

Alexandre de Humboldt raconte qu'ayant mis les deux pieds sur un de ces poissons, qu'on venait de retirer de l'eau, il reçut une secousse si violente qu'il ressentit le reste du jour des douleurs dans toutes les jointures. Ces commotions renversent les bêtes les plus vigoureuses, et on est obligé d'éviter les rivières où les gymnotes se trouvent, parce que, lorsqu'on essaie de les traverser à gué avec des chevaux ou des mulets, ces derniers peuvent être tués par les décharges. Pour prendre ces poissons, les Indiens poussent dans l'eau des chevaux sauvages dont les piétinements font sortir les gymnotes de la vase. Ces sortes d'anguilles jaunâtres et livides se pressent alors sous le ventre des quadrupèdes, les renversent presque tous et en tuent quelques-uns ; mais les poissons s'épuisent à leur tour, et il devient facile de s'en emparer au moyen de petits harpons. Les sauvages s'en servent pour traiter les paralysies. Faraday compare la secousse d'une gymnote, — qu'il eut occasion d'étudier, — à celle d'une forte batterie de quinze jarres. Quand on touche avec la main une torpille vivante placée hors de l'eau, on éprouve une commotion d'autant plus forte que la surface du contact est plus étendue. La secousse, qui se fait sentir jusque dans l'épaule, est suivie d'un engourdissement fort désagréable. On peut la faire subir à vingt personnes formant la chaîne, la première touchant le dos, et la dernière le ventre de la torpille. Les pêcheurs reconnaissent qu'il y a une torpille dans leurs filets quand, en jetant de l'eau à plein seau pour les laver, ils ressentent une commotion. L'eau conduit bien l'électricité, et c'est à travers l'eau que ce poisson tue ou engourdit les animaux dont il se nourrit.

Il existe, tout le monde le sait, d'autres sources d'électricité que les orages et les poissons. Les machines à frottement, les piles et les appareils d'induction fournissent trois sortes de courants qui agissent sur les fonctions de la vie, quelquefois d'une manière semblable, le plus souvent avec des différences marquées. Ces différences dans le mode d'action des divers courants n'ont été bien établies que de nos jours. L'action de l'électricité statique et de l'électricité d'induction, plus brusque et plus violente, est caractérisée surtout par des effets mécaniques tellement frappants qu'ils ont longtemps empêché les observateurs de suivre avec une attention suffisante les effets d'un autre ordre que produit le courant de la pile. Cependant ce dernier affecte en réalité d'une façon plus profonde les tissus animaux, et les phénomènes auxquels il donne lieu sont dignes du plus vif intérêt, aussi bien au point de vue de la théorie qu'à celui des applications.

Dutrochet a démontré par des expériences mémorables que, lorsqu'un tube contenant de l'eau gommée et fermé en bas par une membrane est placé dans un vase rempli d'eau pure, le niveau de l'eau gommée s'élève peu à peu par l'introduction graduelle de l'eau pure dans le tube. En même temps une certaine quantité de l'eau gommée intérieure se mêle à l'eau pure extérieure. Bref, il s'établit entre les deux liquides communiquant par la membrane un échange réciproque, et l'on constate que le courant qui va du liquide moins dense vers le liquide plus dense est plus rapide que le courant en sens inverse. Cette expérience révèle un des phénomènes les plus importants de la vie des plantes et des animaux, et que l'on désigne par le mot d'endosmose. Or Dutrochet avait remarqué déjà que, si l'on place le pôle positif d'une pile dans l'eau pure et le pôle négatif dans l'eau gommée, les actes d'endosmose s'accomplissent avec plus d'énergie ; MM. Onimus et Legros ont découvert de plus que, si l'on a recours à une disposition inverse, c'est-à-dire si l'on met le pôle positif dans l'eau gommée et le pôle négatif dans l'eau pure, le niveau du liquide dans le tube, au lieu de s'élever, descend notablement. Ainsi l'électricité peut renverser les lois ordinaires de l'endosmose. Elle exerce une action non moins marquée sur tous les autres mouvements physico-chimiques qui s'effectuent dans la profondeur des organes. Elle y décompose les sels, y coagule les matières albuminoïdes du sang et des tissus, exactement comme dans les vaisseaux d'un laboratoire. En voici un exemple bien curieux. Lorsqu'en chimie on décompose l'iodure de potassium, de l'iode est mis en liberté, et on reconnaît ce dernier corps à la coloration d'un bleu intense qu'il développe au contact de l'amidon. Or, en injectant à un animal une solution d'iodure de potassium et en l'électrisant ensuite, on constate au bout de quelques minutes que toutes les régions voisines du pôle positif de la pile bleuissent en présence de l'amidon, ce qui prouve qu'elles sont imprégnées d'iode. L'iodure a été presque instantanément décomposé, et l'iode a été transporté par le courant vers le pôle positif.

Il n'est pas étonnant après cela que l'action de l'électricité s'exerce sur tout le système des opérations nutritives. MM. Onimus et

Legros ont trouvé que les courants continus ascendants accélèrent le double mouvement d'assimilation et de désassimilation.[1] Les animaux électrisés dans de certaines conditions rejettent une plus forte proportion d'urée et d'acide carbonique, ce qui est l'indice d'une plus grande énergie du feu vital. D'autre part, lorsqu'on soumet à l'action du courant de jeunes individus en voie de développement, ils grandissent et grossissent plus vite que dans les circonstances ordinaires, ce qui est la preuve d'un accroissement dans la quantité des matériaux assimilés. Pour montrer jusqu'à quel point les phénomènes vitaux sont stimulés par l'électricité, nous citerons une autre expérience faite par MM. Robin et Legros sur les noctyluques. Ce sont des animaux microscopiques qui, lorsqu'ils existent en grande quantité dans l'eau de mer, lui donnent presque la blancheur du lait et la rendent à certains moments phosphorescente. Or il suffit de diriger un courant dans un vase rempli d'une eau pareille pour qu'une trace de lumière se dessine sur le parcours du courant. L'électricité provoque la phosphorescence de tous les noctyluques qu'elle rencontre sur son passage entre les deux pôles.

Les courants interrompus ou d'induction rétrécissent les vaisseaux sanguins, et ralentissent la circulation dans presque tous les cas ; s'ils sont intenses, ils parviennent même à arrêter par une forte contraction des artérioles. Il n'en est pas de même avec les courants continus : généralement ils accélèrent la circulation en déterminant une dilatation des vaisseaux. C'est du moins ce qui a été constaté d'abord par MM. Robin et Hiffelsheim dans l'examen microscopique du flux sanguin électrisé. MM. Onimus et Legros ont établi ensuite que ces actions sont soumises à la loi suivante : le courant descendant dilate les vaisseaux, tandis que le courant ascendant les resserre. Une expérience saisissante démontre la vérité de cette loi. Sur un chien robuste, on enlève une portion du crâne, de façon à mettre le cerveau à découvert. On place alors le pôle positif d'une assez forte pile sur le cerveau mis à nu et le pôle négatif sur le cou. Les vaisseaux ténus et superficiels de l'encéphale se rétrécissent visiblement, et l'organe lui-même semble s'affaisser.

1 L'électricité se dégage des appareils par deux pôles. On admet que le courant circule du pôle positif vers le pôle négatif. On dit que le courant est ascendant lorsqu'on applique le pôle positif à la partie inférieure et le pôle négatif à la partie supérieure de la moelle ; il est descendant quand les pôles sont intervertis.

En disposant les pôles dans un ordre inverse, on observe le contraire : les vaisseaux capillaires se gonflent, se distendent, et la substance cérébrale fait hernie à travers l'ouverture pratiquée dans la voûte crânienne. Cette expérience prouve qu'on peut à volonté, au moyen des courants, augmenter ou diminuer l'intensité de la circulation dans l'encéphale, comme d'ailleurs dans tout autre organe. M. Onimus a fait tout récemment une observation non moins intéressante. Beaucoup de personnes savent que le célèbre physiologiste Helmholtz a introduit en médecine l'usage d'un appareil simple et commode nommé *ophthalmoscope* au moyen duquel on voit très distinctement le fond de l'œil, c'est-à-dire le réseau que forment les fibres nerveuses et les vaisseaux délicats de la rétine. Or, en examinant ce réseau pendant qu'on électrisé la tête, on constate nettement que les petits conduits sanguins se gonflent et deviennent plus cramoisis.

Examinons maintenant l'effet du courant électrique sur les fonctions de la motricité et de la sensibilité. Aldini, neveu de Galvani, entreprit les premières recherches de ce genre sur l'homme. Convaincu que, pour étudier les effets de l'électricité sur les organes, il fallait saisir le cadavre humain dans un grand état de fraîcheur, il crut devoir, comme il le dit lui-même, se placer à côté d'un échafaud et sous la hache de la loi pour recevoir de la main du bourreau des corps ensanglantés, sujets seuls vraiment propres aux expériences. En janvier et février 1802, il profita de l'occasion de deux criminels décapités à Bologne, que le gouvernement s'empressa d'accorder à sa curiosité scientifique. Soumis à l'action de l'électricité, ces cadavres donnèrent un spectacle si étrange que plusieurs des assistants en furent épouvantés. Les muscles du visage se contractèrent en produisant d'horribles grimaces. Tous les membres furent pris de mouvements violents. Les corps semblaient éprouver un commencement de résurrection et vouloir se lever. Plusieurs heures après la décollation, les ressorts de l'économie avaient encore le pouvoir de répondre à l'excitation électrique. Ure a fait à Glasgow des expériences non moins célèbres sur le cadavre d'un supplicié qui était resté suspendu au gibet pendant près d'une heure. L'un des pôles d'une pile de 270 couples ayant été mis en communication avec la moelle épinière au-dessous de la nuque et l'autre pôle avec le talon, la jambe, préalablement repliée sur elle-même, fut lancée avec violence, et faillit renverser un des assistants qui la maintenait avec effort. L'un des pôles ayant été placé sur la septième côte et l'autre sur un des nerfs du cou, la poitrine se souleva et s'abaissa, et l'abdomen éprouva un mouvement semblable, comme il arrive dans la respiration. Un nerf du sourcil ayant été touché en même temps que le talon, les muscles de la face se contractèrent ; « la rage, l'horreur, le désespoir, l'angoisse et d'affreux sourires unirent leur hideuse expression sur la face de l'assassin. A ce spectacle, plusieurs personnes furent forcées de quitter l'appartement, et un *gentleman* s'évanouit. » Enfin on provoqua des mouvements convulsifs des bras et des doigts tels que le mort semblait désigner différents spectateurs.

Les recherches plus récentes ont précisé les conditions de cette influence de l'électricité sur les muscles. Les courants continus, appliqués directement sur ces organes, déterminent des contractions au moment de l'ouverture et à l'instant de la fermeture ; mais la secousse produite par la fermeture est toujours la plus forte. Tant que le courant continu passe, le muscle persiste dans une demi-contraction au sujet de laquelle les physiologistes ne sont pas d'accord. Sous l'influence d'excitations très fréquemment répétées et prolongées pendant un certain temps, les muscles entrent dans un état de contracture avec raccourcissement, analogue à celle qui caractérise le tétanos. Dans cet état, ainsi que l'ont démontré M. Helmholtz et M. Marey, le muscle éprouve un grand nombre de très petites secousses. La contracture est le résultat de la fusion de ces vibrations élémentaires qu'on ne distingue pas à l'œil, mais que certains artifices permettent de reconnaître et même de mesurer. Les courants d'induction provoquent des contractions plus énergiques, mais d'une énergie qui ne dure pas et fait place, si l'électrisation se prolonge, à la rigidité cadavérique. La contraction musculaire déterminée en pareil cas est accompagnée d'une élévation locale de température proportionnelle à la force et à la durée de l'action électrique. Cet échauffement atteint son maximum, qui peut être de 4 degrés dans certains cas, pendant les quatre ou cinq minutes qui suivent le moment où l'on a cessé d'électriser ; il est dû à la contraction musculaire elle-même, qui donne toujours lieu à un dégagement de chaleur.

L'action sur les nerfs est fort compliquée. Elle se traduit par des mouvements et des sensations d'intensité très variable. MM. Onimus et Legros en résument ainsi les lois fondamentales : lorsqu'on opère sur les nerfs moteurs, on voit que le courant direct ou descendant agit avec plus d'énergie que l'autre ; c'est l'inverse pour les nerfs sensitifs. L'excitabilité des nerfs mixtes est diminuée par le courant direct et accrue par le courant inverse. Voilà pour les courants de la pile. Les courants d'induction se comportent d'une façon différente. Tandis que la sensation provoquée par les premiers est presque insignifiante, les seconds, outre la contraction permanente du muscle, produisent une douleur qui persiste tant que le nerf conserve son excitabilité. — La moelle épinière est une des parties les plus actives de l'économie. Sous forme d'un gros cordon blanchâtre, logé dans l'intérieur de la colonne vertébrale, elle constitue un véritable prolongement du cerveau, qu'elle supplée dans beaucoup de circonstances. Dépositaire inconsciente d'une partie de la force qui anime les membres, elle leur peut transmettre, par les nerfs qu'elle leur envoie, l'ordre et le moyen de se mouvoir, sans que l'encéphale en soit averti. C'est ce qui arrive dans les mouvements qu'on appelle *réflexes*, et qui se produisent, sur des animaux décapités, par une simple excitation, directe ou indirecte, de la moelle épinière. Voici quelques expériences qui montrent l'action de l'électricité sur les phénomènes dont la moelle est le siège. Si l'on plonge une grenouille dans de l'eau tiède, possédant une température de 40 degrés, elle perd la respiration, le sentiment, le mouvement, et ne tarderait pas à mourir, si on l'y maintenait longtemps. Retirée de l'eau à temps et soumise ainsi à l'influence du courant, elle se contracte énergiquement lorsqu'on électrise sa colonne vertébrale avec un courant ascendant ; il n'y a pas de mouvement lorsqu'on emploie le courant descendant. D'autre part, si l'on applique ce dernier à un animal décapité, sur lequel on provoque des mouvements réflexes par une excitation de la moelle, on constate qu'il tend à les paralyser. En général, — c'est une loi découverte par MM. Onimus et Legros, — le courant de la pile, appliqué sur la moelle, accroît, s'il est ascendant, l'excitabilité de cet organe et par suite sa faculté de déterminer, des phénomènes réflexes ; il agit d'une façon contraire, s'il est descendant.

Lorsqu'on électrise directement le cerveau des animaux, il survient des modifications circulatoires dont nous avons déjà parlé, mais on n'observe pas de phénomènes spéciaux. L'animal ne manifeste aucune douleur, aucun mouvement ; il éprouve une tendance au sommeil, une sorte de stupeur et de calme. Certains médecins ont été jusqu'à proposer l'électrisation. du cerveau comme moyen de développer et de perfectionner les facultés intellectuelles. Rien n'autorise à croire jusqu'ici qu'une telle pratique puisse avoir la moindre influence favorable sur les fonctions de la pensée. Ce qui est certain au contraire, c'est que l'agent électrique ne doit être appliqué qu'avec une extrême prudence aux régions encéphaliques, et qu'il y porte très facilement le désordre. Un courant fort peut très bien y amener la rupture des vaisseaux et par suite une hémorragie grave.

Enfin l'électricité stimule tous les organes des sens, Appliquée sur la rétine, elle l'excite et détermine des sensations lumineuses des éblouissements. Lorsqu'elle traverse l'appareil de l'audition, elle y provoque un bourdonnement particulier. Mise en contact avec la langue, elle fait éprouver une sensation métallique et styptique assez caractéristique. Enfin elle développe dans la muqueuse olfactive une envie d'éternuer et, paraît-il, une odeur ammoniacale.

Les courants n'agissent pas seulement sur les nerfs cérébro-spinaux et les muscles de la vie de relation, ils affectent aussi le système nerveux et le système musculaire qui servent aux fonctions de la vie nutritive. L'électricité d'induction, appliquée aux muscles de la vie nutritive, les fait contracter au point de contact des pôles, mais la partie située entre les pôles reste immobile. Les courants continus produisent, au moment de la fermeture du circuit, une contraction locale au niveau des pôles, puis l'organe entre en repos ; s'il est en activité, il cesse de se mouvoir. Dans le cas de l'intestin par exemple, les mouvements péristaltiques sont abolis ; chez un animal en parturition, on peut suspendre au moyen de l'électricité les contractions utérines. En général cet agent supprime les spasmes de tous les muscles qui ne sont pas soumis à la volonté.

Tous ces faits relatifs à l'action de l'électricité sur les muscles et les nerfs ont donné lieu, surtout en Allemagne, à de laborieuses spéculations auxquelles se rattachent les noms de MM. Dubois-Reymond, Pflüger et Remak. Les doctrines de ces savants physiologistes sur l'état moléculaire des nerfs dans leurs différons modes d'électrisation sont encore aujourd'hui controversées. Elles ne s'appuient du reste, il faut bien le dire, sur aucune certitude expérimentale ; peut-être vaut-il mieux recourir, pour l'explication générale de ces difficultés, aux idées développées par Matteucci. Cet illustre expérimentateur opposait aux théories allemandes sur les vertus électrotoniques des nerfs les phénomènes évidents de l'électrolyse, c'est-à-dire les décompositions chimiques opérées par les courants. Il pensait que les modifications dans l'excitabilité nerveuse déterminées par le passage de l'électricité tiennent aux acides et aux alcalis provenant du dédoublement des sels contenus dans les tissus animaux. On peut ajouter à ce premier ordre de phénomènes les courants électro-capillaires découverts récemment par M. Becquerel. C'est là qu'il convient de chercher les causes profondes du mécanisme complexe et encore si obscur de ce conflit de l'électricité et de la vie.

Les effets de l'électricité sur les plantes ont été moins bien étudiés, Les expériences faites à ce sujet ne sont ni assez nombreuses, ni assez rigoureuses. On sait que l'électricité détermine des contractions chez les différentes espèces de *mimosa* et surtout chez la sensitive, qu'elle ralentit le mouvement de la sève dans la cellule du *chara*, etc. M. Becquerel en a étudié l'action sur la germination et le développement des végétaux. L'électricité décompose les sels contenus dans la graine, transporte les éléments acides au pôle positif, et les parties alcalines au pôle négatif. Or les premiers nuisent à la végétation, tandis que les dernières la favorisent. Tout récemment, le même expérimentateur a exécuté une série de recherches concernant l'influence de l'électricité sur les couleurs des végétaux. Il s'est servi des fortes décharges qu'on obtient avec les machines à frottement, et il a observé ainsi des changements de couleur assez remarquables, dus la plupart du temps à la rupture des cellules qui contiennent la matière colorante des pétales. Celle-ci, débarrassée de son enveloppe cellulaire, disparaît par un simple lavage à l'eau, et la fleur devient presque blanche. Dans les feuilles qui présentent deux faces de nuance différente, comme celle du *begonia discolor*, M. Becquerel a constaté une sorte de transport réciproque des couleurs d'une face à l'autre.

Fernand Papillon

Section II

Les phénomènes physiologiques dont il vient d'être question sont généralement confondus dans les livres avec les faits d'électrothérapie. On a cru nécessaire ici de les en distinguer. La vraie méthode est d'expliquer d'abord les phénomènes qui s'accomplissent dans l'organisme sain ; c'est le seul moyen de comprendre ensuite ceux qui caractérisent les maladies. L'électrothérapie constitue un ensemble de procédés qui doivent être rangés parmi les plus efficaces de la médecine, à la condition qu'ils soient mis en œuvre par un praticien versé dans la théorie de son art. En effet, le savoir physiologique le plus éprouvé est indispensable au médecin pour tirer un parti avantageux du courant électrique. L'empirisme même le mieux avisé est ici condamné à une impuissance fatale, — il n'est pas inutile de le rappeler à ceux qui imputent à la méthode elle-même les échecs où elle aboutit entre des mains inhabiles. Il est vrai que, depuis l'époque de Galvani et de Volta, les médecins ont appliqué l'électricité de la pile au traitement d'un grand nombre de maladies. Au commencement de ce siècle, la galvanothérapie fit beaucoup de bruit. On pensa tenir la panacée universelle. Des sociétés galvaniques, des journaux et des livres spéciaux entreprirent d'en répandre le bienfait. Cette vogue dura un certain temps, et allait, peut-être faire place à l'indifférence, quand la découverte de l'électricité d'induction, due à Faraday (1832), vint rappeler l'attention des médecins sur les vertus du fluide électrique et provoquer une nouvelle et intéressante série d'expériences. Il est probable cependant que les deux systèmes électrothérapiques, une fois évanouies les incroyables illusions de la première heure, eussent fini par tomber en désuétude, s'ils n'étaient sortis des ornières de l'empirisme. L'empirisme, qui, avec son audace habituelle, avait su leur faire tout d'abord une si grande place, n'était pas en mesure de la leur conserver. C'est la physiologie expérimentale qui, en analysant avec précision le mécanisme. des effets du fluide sur les ressorts organiques, donna aux applications thérapeutiques la sûreté, la certitude et la solidité qu'elles ont aujourd'hui. L'art aveugle a été, ici comme partout, l'origine des recherches scientifiques, et celles-ci à leur tour éclairent l'art et le perfectionnent constamment.

Chose singulière, la fortune des courants d'induction a été beaucoup plus heureuse que celle des courants de la pile. Ces derniers, dont l'emploi avait inauguré l'électrothérapie, n'ont pris une véritable importance en physiologie et en médecine que dans ces dernières années et alors que le crédit des courants d'induction était déjà solide, grâce surtout aux efforts de M. Duchenne (de Boulogne). C'est un physiologiste et anatomiste allemand, M. Remak, mort il y a six ans, qui le premier a insisté sur les remarquables vertus thérapeutiques du courant voltaïque. Remak, après avoir consacré vingt années à l'étude des questions les plus difficiles de l'embryogénie et de l'histologie, avait entrepris dès 1854 de rechercher et d'établir méthodiquement l'action des courants constants sur l'économie. Il était arrivé bientôt à manier l'agent électrique avec une dextérité remarquable, à discerner avec une clairvoyante promptitude les points où il convenait dans chaque maladie d'appliquer les pôles de la pile. Ceux qui, comme nous, ont été en 1864 témoins de ses expériences à la Charité en ont conservé le souvenir le plus net. Les méthodes de M. Duchenne étaient à peu près les seules reçues et pratiquées en France avant que Remak fût venu démontrer aux médecins de Paris l'efficacité de l'électrisation par les courants constants dans les cas où la *faradisation* restait impuissante. L'enseignement du praticien de Berlin porta ses fruits. Un jeune médecin d'avenir, Hiffelsheim, commençait à répandre à Paris l'emploi du courant constant comme moyen thérapeutique quand la mort l'enleva en 1866 dans la fleur de l'âge. Un autre médecin qui a pu profiter des leçons de Remak, M. Onimus, a repris les travaux interrompus d'Hiffelsheim, et s'occupe aujourd'hui de constituer l'ensemble des procédés électrothérapiques en les subordonnant à une connaissance rigoureuse des lois électro-physiologiques.[1] On va voir, par quelques exemples choisis dans la masse des faits publiés à ce sujet, jusqu'où s'étend actuellement l'efficacité de ces procédés.

L'expérience a établi que dans certaines conditions le courant électrique resserre les vaisseaux, et par suite ralentit l'afflux du sang dans les organes. Or un grand nombre de maladies sont caractérisées par un trop rapide afflux sanguin, par ce qu'on

---

1 Dans le concours extraordinaire ouvert récemment par l'Académie des Sciences pour l'application de l'électricité à la thérapeutique, le premier prix a été donné à MM. Onimus et Legros, et le deuxième à deux physiologistes russes, MM. Cyon.

appelle des congestions. Certaines formes de délire et d'excitation cérébrale, ainsi que beaucoup d'hallucinations des divers sens, sont dans ce cas, et guérissent parfaitement par l'application du courant électrique sur la tête. Nul organe ne possède un système vasculaire aussi complexe et aussi délicat que le cerveau, et nul organe n'est aussi sensible à l'action des causes qui modifient la circulation. C'est pour cela que les affections qui ont leur siège dans l'encéphale sont particulièrement faciles à traiter par l'électricité. Cette dernière, bien appliquée, est souveraine contre les crises cérébrales, les conceptions délirantes, les migraines, les insomnies, etc. Les premiers médecins qui se servirent du courant avaient parfaitement saisi cette heureuse influence du fluide galvanique sur les troubles du cerveau ; ils avaient même songé à en tirer parti pour le traitement de la folie. Les recherches n'ont pas été continuées dans cette direction, mais les faits publiés par Hiffelsheim autorisent à croire qu'elles ne seraient pas infructueuses. Ces faits témoignent combien les courants électriques, mais les courants continus seuls, pourront un jour rendre de services dans les affections cérébrales. C'est un point sur lequel il est important d'appeler l'attention des médecins aliénistes. Jusqu'ici on n'a vu dans l'électricité qu'un excitant énergique. Ce qui est vrai pour les courants interrompus ne l'est pas pour le courant de la pile. Loin d'être toujours un excitant, ce dernier, comme le soutenait Hiffelsheim, peut devenir dans certaines conditions un sédatif, un calmant. Cette influence sur la circulation, jointe au pouvoir électrolytique du courant de la pile, permet d'y avoir recours pour le traitement d'engorgements de diverse nature. On guérit par ce moyen les engorgements des ganglions lymphatiques, des glandes parotidiennes, etc. Le courant agit ici à la fois sur la contractilité des vaisseaux et sur la composition des humeurs.

C'est surtout dans les cas de paralysie que l'électricité montre toute sa puissance curative. Les paralysies surviennent chaque fois que les nerfs moteurs sont séparés des centres nerveux par une cause traumatique ou par une modification de texture qui leur fait perdre leur excitabilité. Lorsque le nerf est détruit, la paralysie est incurable ; mais, lorsqu'il n'est que malade, on peut dans la plupart des cas rétablir ses fonctions par le traitement électrique. Comme alors il y a toujours une certaine atrophie musculaire, on dirige l'électricité en même temps sur les nerfs et sur les muscles, et on emploie concurremment le courant de la pile et le courant d'induction. En général le premier modifie la nutrition générale et rétablit l'excitabilité nerveuse, le second stimule la contractilité des fibres musculaires. La différence d'action des deux espèces des courants est manifeste dans certaines paralysies, où les muscles ne se contractent plus par les courants induits, tandis que sous l'influence des courants constants ils se contractent mieux que des muscles sains. Les expériences faites, il y a quelques années, au laboratoire de M. Robin sur des cadavres de suppliciés ont prouvé qu'après la mort la contractilité musculaire peut encore être excitée par les courants de Volta, alors qu'elle ne répond plus au courant de Faraday.

Quand les nerfs moteurs se trouvent dans un état d'excitation morbide, ils déterminent des contractions des muscles qui sont permanentes (spasmes toniques) ou intermittentes (spasmes cloniques). Les différents nerfs moteurs qui sont le plus souvent excités sont le nerf facial, les filets nerveux de l'avant-bras ou des doigts, qui sont affectés dans la crampe des écrivains,[1] et les filets du nerf spinal, dont l'irritation détermine le tic de la tête, le torticolis chronique, etc. Or l'électricité fait disparaître ou du moins améliore notablement ces divers états morbides ; elle exerce la même action sur les névralgies et les névrites, toutes les fois que ces affections ne sont point les symptômes d'autres maladies plus profondes. Les courants rétablissent l'activité normale de la nutrition dans les nerfs malades et dans les muscles correspondants ; ils agissent aussi de la façon la plus heureuse sur les rhumatismes en modifiant la circulation locale, en calmant la douleur et excitant les phénomènes réflexes qui sont suivis de contractions musculaires. Erb, Remak, Hiffelsheim et Onimus ont mis hors de doute cette action salutaire sur les gonflements articulaires, soit dans les cas aigus, soit dans les cas chroniques.

Les découvertes relatives à l'influence de l'électricité sur la moelle épinière ont été mises à profit dans le traitement des maladies

---

1 La *crampe des écrivains* consiste dans une sorte de spasme des muscles des doigts, qui les empêche de se contracter régulièrement pour tenir et diriger une plume ou pour appuyer sur les touches d'un piano, tandis que les muscles de la main et de l'avant-bras conservent toute leur force normale.

qui dépendent d'une surexcitation de l'activité de cet organe, telles que la chorée, la danse de Saint-Guy, l'hystérie et d'autres névroses convulsives qui présentent une physionomie plus ou moins analogue, Voici deux cas de ce genre publiés par le docteur Onimus, et qui donneront une idée de la manière dont on applique ici le courant. Un enfant de douze ans était atteint d'une affreuse maladie. Toutes les cinq ou dix minutes, il perdait connaissance, se roulait par terre, les yeux déviés vers la partie supérieure, puis se raidissait tellement qu'on ne parvenait à plier aucun de ses membres. L'accès terminé, il revenait à lui, mais la moindre impression un peu vive suffisait à l'accabler de nouveau. On lui appliqua d'abord sur la moelle les courants ascendants. Aussitôt l'enfant fut pris d'une crise violente. Les courants descendants furent employés ensuite pendant quinze jours consécutifs, au bout desquels le petit malade recouvra la santé. — Une jeune fille de dix-sept ans, hystérique, offrait des symptômes très bizarres du côté du larynx, du voile du palais et des muscles de la face, entre autres une sorte d'aboiement suivi d'un reniflement intense, et d'horribles grimaces. Or en plaçant le pôle positif dans la bouche de la malade, contre la voûte palatine et le pôle négatif sur la nuque, on parvint à supprimer tous ces phénomènes morbides. En disposant les pôles dans un ordre inverse, on les aggravait au contraire. Après seize séances de traitement électrique, cette jeune fille fut presque complètement guérie, et il ne lui resta qu'un tic musculaire insignifiant en comparaison des désordres primitifs. Enfin plusieurs cas de tétanos ont été combattus avec succès par des moyens analogues. Cette terrible maladie, la plus redoutable des complications chirurgicales, est due à une inflammation aiguë de la moelle épinière. Il en résulte une altération des nerfs moteurs telle que tous les muscles du corps éprouvent une contracture générale, une raideur douloureuse qui gagne peu à peu les organes les plus essentiels à la vie. Quand les muscles de la poitrine et du cœur arrivent à être saisis de cette manière, la mort a lieu par asphyxie. Or le courant continu tend à rétablir ici l'état normal des nerfs moteurs. Deux autres maladies chroniques de la moelle, dont la première surtout est bien grave, l'atrophie musculaire progressive et l'ataxie locomotrice, cèdent souvent à l'emploi rationnel de l'électricité ou du moins sont enrayées dans leur progrès, dont l'issue naturelle est la mort. Il est intéressant de noter que ces deux maladies ont été découvertes et caractérisées par M. Duchenne (de Boulogne) dans le cours de ses recherches électrothérapiques. L'électricité lui a servi en ce cas de moyen de diagnostic, comme elle sert de moyen d'étude pour la physiologie, où elle représente en quelque sorte un réactif capable de déceler des différences fonctionnelles qu'aucun autre procédé n'eût révélées. Elle seule, d'après la manière dont elle affecte un nerf ou un muscle, permet, dans certaines circonstances, de décider de la nature et même du degré de l'altération des ressorts de ce nerf ou de ce muscle.

Aldini disait que le galvanisme offre un moyen puissant pour remettre en action la vitalité suspendue par une cause quelconque. Plusieurs médecins, au commencement de ce siècle, firent revivre ainsi des chiens plongés pendant un certain temps au fond de l'eau et qu'on en avait retirés avec toute l'apparence de la mort. Halle et Sue proposèrent à cette époque de mettre des appareils galvaniques dans les différents quartiers de Paris, surtout au voisinage de la Seine. Cette mesure si sage et si utile n'a pas encore reçu d'exécution, bien que toutes les expériences exécutées depuis lors aient démontré de plus en plus l'efficacité de l'électricité contre l'asphyxie et la syncope produites soit par l'eau, soit par les gaz délétères. Le courant de la pile rétablit aussi les mouvements respiratoires dans les cas d'empoisonnement par l'éther et le chloroforme, et à un instant où tout espoir de résurrection semble perdu. Les chirurgiens qui connaissent cette propriété se la rappellent lorsque la chloroformisation leur paraît périlleuse pour le malade qui y est soumis.

L'électricité se transforme en chaleur très facilement. Quand on fait passer un courant intense dans un fil métallique très court, celui-ci s'échauffe, rougit, et, dans certains cas, se réduit en vapeur. Cette propriété a été mise à profit par les chirurgiens pour l'ablation de diverses excroissances morbides. Ils introduisent une lame métallique à la base des tumeurs ou des polypes qu'ils veulent enlever, et, quand cette sorte de couteau électrique est devenu incandescent sous l'influence du courant de la pile, ils lui impriment un mouvement tel que la partie malade est séparée par cautérisation aussi nettement qu'avec un instrument tranchant. Ce procédé, qui évite l'effusion du sang et ne provoque qu'une douleur insignifiante, a donné de beaux résultats entre les mains de MM. Marshall, Middeldorpf, Sédillot et Amussat. Indépendamment de cette application, où c'est surtout la chaleur qui est utilisée, on a employé l'électricité pour détruire les tumeurs par une sorte de désorganisation chimique de leur tissu. MM. Crusell, Ciniselli et Nélaton ont fait à ce sujet des expériences décisives. Enfin MM. Pétrequin, Broca et d'autres ont proposé le même moyen pour coaguler le sang dans l'intérieur des sacs anévrysmaux. Si cette nouvelle chirurgie n'est pas encore aussi répandue qu'elle devrait l'être, c'est que le maniement des appareils électriques exige beaucoup d'habitude et de dextérité, et que les chirurgiens trouvent plus commode l'usage classique du bistouri.

On voit par ce rapide historique que l'électrothérapie est salutaire dans un grand nombre de maladies. Soit qu'on l'emploie pour modifier l'état de la nutrition, pour accélérer ou pour ralentir la circulation dans les petits vaisseaux, soit qu'on y ait recours pour calmer ou pour stimuler les nerfs, pour détendre ou pour mettre en mouvement les muscles, pour brûler ou détacher les tumeurs, l'électricité, pourvu qu'on ne la manie pas à contre-sens, est destinée à rendre de notables services à l'art de guérir. Le domaine de la *thermothérapie* est moins considérable ; il a cependant une certaine étendue. L'exploration de celui qui est réservé à l'usage médicinal de la lumière, à la *photothérapie* (s'il est permis d'employer ces néologismes), commence à peine. Il en faut dire autant de l'emploi de la pesanteur, qu'on pourrait appeler *barothérapie*.[1] En tout cas, il se constitue présentement, et l'avenir verra se développer de plus en plus, à côté de la thérapeutique des corps, une thérapeutique des forces, — à côté de la médecine des drogues, la médecine des énergies. Il est impossible de dire dès aujourd'hui laquelle des deux prévaudra définitivement ; on peut supposer que toutes deux sont appelées à rendre des services également précieux à l'art.

Les premiers savants qui étudièrent l'action de l'électricité galvanique sur les animaux morts, et qui les virent recouvrer le mouvement et même une apparente sensibilité, crurent avoir

---

1 M. Paul Bert a communiqué à l'Académie des Sciences, dans les séances des 3 et 10 juillet 1872, les résultats de longues expériences qu'il a instituées concernant l'influence que les changements de pression exercent sur les phénomènes de la vie.

trouvé le secret de la vie ; ils assimilèrent à la force animatrice cette autre force qui semble réchauffer les organes déjà glacés et en rétablir le ressort brisé. Il n'est pas besoin de méditer longtemps sur l'ensemble des faits exposés dans les pages précédentes pour comprendre combien l'illusion était grande. Non-seulement l'électricité n'est pas la vie tout entière, mais il n'est même pas permis de la considérer comme un des éléments de la vie, par exemple de l'assimiler à la force nerveuse. Les expériences de M. Helmholtz, qui ont été décrites ici même,[1] ont démontré en effet jusqu'à l'évidence qu'une telle assimilation est contraire à la réalité. Ce qui caractérise les forces de la vie et l'unité vitale, qui est l'expression déterminée de leur fonctionnement simultané dans un même organisme, c'est précisément l'organisation. Or l'électricité n'a aucun rapport causal avec l'organisation même. Celle-ci est l'ouvrage d'une activité supérieure. Elle s'approprie toutes les énergies de la nature, mais elle les enchaîne, les coordonne et les place dans des conditions spéciales pour les faire servir aux desseins de la vie. Gravitation, chaleur, lumière, électricité, toutes ces énergies se conservent au sein des êtres vivants ; seulement elles s'y dissimulent sous une nouvelle unité phénoménale, de même que l'oxygène, l'hydrogène, le carbone, l'azote et le phosphore, qui constituent une cellule nerveuse, y disparaissent dans une nouvelle unité substantielle sans cesser d'y exister comme éléments chimiques distincts. Les puissances de la nature inorganique sont aussi nécessaires à la vie que les lignes et les couleurs le sont au peintre pour faire un tableau. Que serait le tableau sans l'industrie et sans l'âme du peintre ? Le tableau est son œuvre à lui ; les forces physico-chimiques sont les lignes et les couleurs de cette composition homogène et harmonieuse qui est la vie. Elles n'y auraient aucune signification, aucune efficacité, si elles n'y subissaient, par l'opération d'un mystérieux artiste, une métamorphose qui, les élevant à une dignité qu'elles n'avaient point auparavant, leur donne place au suprême concert. C'est ainsi que dans l'infinie solidarité des choses, il y a, comme le pensait Leibniz, Un mouvement continu de l'inférieur vers le supérieur, un acheminement constant vers le bien, une incessante aspiration vers une existence plus complète et plus consciente, un perfectionnement éternel.

---

[1] Voyez la *Revue* du 1er août 1867.

www.ingramcontent.com/pod-product-compliance
Lightning Source LLC
Chambersburg PA
CBHW050255230526
45470CB00005B/2283